蔬果净化
排毒水

郑颖 —— 主编

U0388256

黑龙江科学技术出版社
HEILONGJIANG SCIENCE AND TECHNOLOGY PRESS

图书在版编（CIP）数据

　　蔬果净化排毒水 / 郑颖主编 . —哈尔滨：黑龙江
科学技术出版社，2017.9

　　ISBN 978-7-5388-9228-4

　　Ⅰ.①蔬… Ⅱ.①郑… Ⅲ.①果汁饮料 – 制作②蔬菜
– 饮料 – 制作 Ⅳ.① TS275.5

　　中国版本图书馆 CIP 数据核字 (2017) 第 089702 号

蔬果净化排毒水

SHU GUO JINGHUA PAIDUSHUI

主　　编	郑　颖
责任编辑	马远洋
摄影摄像	深圳市金版文化发展股份有限公司
策划编辑	深圳市金版文化发展股份有限公司
封面设计	深圳市金版文化发展股份有限公司
出　　版	黑龙江科学技术出版社
	地址：哈尔滨市南岗区公安街 70-2 号 邮编：150001
	电话：（0451）53642106 传真：（0451）53642143
	网址：www.lkcbs.cn www.lkpub.cn
发　　行	全国新华书店
印　　刷	深圳市雅佳图印刷有限公司
开　　本	723 mm × 1020 mm 1/16
印　　张	8
字　　数	120 千字
版　　次	2017 年 9 月第 1 版
印　　次	2017 年 9 月第 1 次印刷
书　　号	ISBN 978-7-5388-9228-4
定　　价	29.80 元

我们的身体每天因为新陈代谢大约要流失 2500 毫升的水分，其中大部分要通过饮水来补充。如果饮水不足，将不利于代谢废物的排出，长期下去还会对健康产生不良影响。可是不爱喝白开水怎么办？那就试试色彩缤纷、喝起来也是健康满满的排毒水吧！

排毒水是时下年轻人大爱的一款自制健康饮品，做法很简单，却能给你带来大大的惊喜。只要将蔬果洗净后切块放入玻璃瓶，加入凉开水再放进冰箱，经过几个小时的浸泡，蔬果就能慢慢释放出独特的香味和营养。喜欢更冰爽一点的，还可以加入冰块，炎炎夏日，简直透心凉！排毒水不仅能提供水分，还能将蔬果中的维生素、矿物质和抗氧化成分溶入水中，更利于人体吸收。另外，其口感清凉微甜，绝对是健康零添加的佳饮。

为了避免浪费，在喝完排毒水后，还可以挑选其中的水果做成其他美食，比如较耐泡的菠萝、柠檬、橙子、圣女果等，可将它们做成沙拉、冰沙、蔬果意面或果酱等简单又美味的食物，就能完美利用食材中的营养成分啦！

Contents

Chapter 2
按食材来制作
——元气排毒水

Contents

Chapter 3
按功效来制作
——健康排毒水

Chapter 4
排毒水蔬果变身人气美食

Chapter 1

健康又好喝的排毒水

生吃水果觉得没新意，烹饪蔬菜又嫌麻烦，
时下最流行的蔬果排毒水绝对是你的最佳选择。
既有甜甜的清凉好味道，
轻轻松松喝足每天 8 杯水，
又溶解了蔬果中的维生素和活性物质，
为你健康加加分！

1 排毒水的魅力所在

好喝

即使想摄取水分，但是每天大量喝下淡而无味的白开水还是有点痛苦。排毒水就不一样了，它带有淡淡的香气，容易入口。而且不加糖，几乎零热量，最适合减肥时饮用了。

易做

将水果和蔬菜切好后，再加入凉开水和冰块即可。因为不用像果汁一样准备料理机等器具，怕麻烦的人也能持之以恒地进行下去。

营养

我们每天因为流汗、呼吸、排尿和排便大约要流失 2.5 升的水分，通过食物和代谢获得约 1 升，另外的 1.5 升就要通过饮水来补充。如果饮水不足，就要通过肾脏调节尿液的浓度和大肠重新吸收粪便里的水分来补足，不利于废物的排出，长此以往，还会对健康产生负面影响。饮用排毒水不仅能提供水分，还能将蔬果里的维生素 C、多种矿物质和抗氧化的多酚、多糖成分溶入水中，更容易吸收。

排毒

健康的肠道菌群能合成多种人体必须的维生素和氨基酸，并参与糖类和蛋白质的代谢，同时还能促进铁、镁、锌等矿物元素的吸收。这些营养物质对人类的健康有着重要作用，一旦缺少会引起多种疾病。蔬果中的可溶性膳食纤维是肠道有益菌的食物，充足的维生素和水分还能促进胃肠蠕动，排出毒素，减少便秘的发生，从而改善肠道健康。

美观

五彩缤纷的水果、蔬菜和香料，光用看的就能振奋人心，让人有一种舒适放松的感觉。因此在制作排毒水时，最好使用能看见内部的玻璃罐、玻璃瓶等透明容器。

方便

一次大量饮水，胃肠道和身体的各处组织细胞会来不及吸收水分，水分就会通过尿液排出，所以每次喝150~200毫升、多次饮水是最好的喝水方法。将做好的排毒水放在冰箱里，随饮随取。外出时可以把冰凉的排毒水装在保温杯中，也能保证半天的清凉感和新鲜度。

百搭

食材少一点的话口味较淡雅，食材多一点香气则更加浓郁。食材的种类和分量多少可以根据自己的喜好来调整。食材的搭配具有无限的组合变化，在试验过程中你会有满满的惊喜！

$\underset{\text{2}}{\text{❧}}$ 制作排毒水的步骤

消毒

把玻璃罐放入锅中并装满水，沸腾后再继续煮 10 分钟以消毒。如要放入盖子消毒，煮滚 30 秒取出即可。

洗切

先把食材洗净，若有需要先去除食材的外皮及种子，再切成适当的大小。形状可以按需要而定。

装罐

将食材放入玻璃罐中，搭配成缤纷漂亮的颜色。如果想尽快饮用，可以稍微把食材捣碎，这样味道更容易出来。

加水

将开水慢慢倒入玻璃罐中，至食材浮上水面后，再加入少量冰块压住食材。

冷藏

盖上瓶盖或是盖上保鲜膜，放进冰箱冷藏 2 小时至 1 晚。若要享受美味，请放 6~12 小时再饮用，风味最佳。

3 排毒水的各种享用方法

按用途使用不同的容器

外出携带就装入保温瓶中，既方便又不会使排毒水失去清凉口感。平时朋友来家里做客，可以把排毒水倒在杯子中，与朋友分享你的劳动成果。

换成苏打水或椰子水

除了凉开水以外，还可以用不加糖的苏打水或椰子水替代。此外，绿茶、红茶以及花草茶也可以用来制作排毒水。

相同的食材也能从切法做变化

正因为做法简单，所以不妨试试玩玩不同的切法。例如，一般会切成圆片的小黄瓜，可以切成长条的薄片，呈现出来的感觉会截然不同。

排毒水内的食材再利用

有些水果或蔬菜浸泡过后会更好吃，但有些就会变得没味道。这种变得没有味道的蔬果可以再次利用，做成各种新式料理，既好吃又不浪费。

4 排毒水食材大搜集

橙子

橙子含多种维生素和橙皮苷、柠檬酸等植物化合物，能和胃降逆、止呕。个头大的橙子皮一般会比较厚；捏着手感有弹性、略硬的橙子水分足、皮薄。

柠檬

柠檬富含维生素 C，能化痰止咳、生津健胃。柠檬皮中有丰富的挥发油和多种酸类，泡排毒水时要尽量保留。

西柚

西柚富含维生素 C、维生素 P 和叶酸等，且糖分较低。选购时以重量相当，果身光泽，皮薄、柔软的为好。

青柠

含有大量柠檬酸，能消除疲劳及恢复体能，圣草次苷具高效抗氧化作用，是美容效果有力的后盾。

菠萝

菠萝富含膳食纤维、类胡萝卜素、有机酸等，有清暑解渴、消食止泻的作用。吃多了肉类及油腻食物之后吃些菠萝，能帮助消化、减轻油腻感。

蓝莓

蓝莓富含维生素C、果胶、花青甘色素。能抗衰老、强化视力、减轻眼疲劳。

葡萄

葡萄含丰富的有机酸和多酚类，有助消化、抗氧化、促进代谢等多种保健作用。不同品种的葡萄味道和颜色各不相同，但都以颗粒大且密的为佳。

香蕉

香蕉含有丰富的钾、镁，有清热、通便、解酒、降血压、抗癌作用。

苹果

苹果具有润肺、健胃消食、生津止渴、止泻、醒酒等功能。尽量避免购买进口苹果，因为水果经过打蜡和长期储运，营养价值会显著降低。

芒果

芒果富含维生素和矿物质，尤其胡萝卜素含量很高。大芒果虽然果肉多，但往往不如小芒果甜。

雪梨

雪梨能止咳化痰、清热降火、养血生津、润肺去燥、润五脏、镇静安神。选购时以果粒完整、无虫害、压伤，手感坚实、水分足的为佳。

火龙果

火龙果能明目、降火，所含维生素、膳食纤维和多糖类成分较多，有润肠通便、抗氧化、抗自由基、抗衰老的作用。火龙果的皮也含有丰富的活性成分，可以用小刀削去外层，保留内层和果肉食用。

猕猴桃

猕猴桃有养颜、提高免疫力、抗癌、抗衰老、抗肿消炎的功能。未成熟的猕猴桃可以和苹果放在一起,有催熟作用。

石榴

石榴含有与女性激素功能相近的少量雌激素,可调整平衡激素及防止肌肤老化,适合女性食用。

樱桃

樱桃富含钙质和铁质,可有效改善贫血及水肿等症状。具高效抗氧化作用,也有助于打造美肌及消除疲劳。

西瓜

西瓜含有抗氧化作用的瓜氨酸，有助促进血液流通，具利尿、消水肿的功效，也有美肌和延缓老化的作用。

胡萝卜

胡萝卜能健脾和胃、补肝明目、清热解毒。要选根粗大、心细小，质地脆嫩、外形完整，表面光泽、感觉沉重的为佳。

黄瓜

黄瓜具有除湿、利尿、降脂、镇痛、促消化的功效。选购黄瓜，要选色泽亮丽，外表有刺状凸起的。

西芹

西芹能凉血止血、降血脂、促进胃肠蠕动。选购时要选色泽鲜绿、叶柄厚的。

马蹄

马蹄能清热解毒、凉血生津、利尿通便、化湿祛痰、消食除胀。马蹄在冬春两季上市，选购时应选择个体大的，外皮呈深紫色而且芽短粗的。

生姜

生姜有发汗解表、温中止呕、温肺止咳、解毒的功效，对外感风寒、胃寒呕吐、风寒咳嗽、腹痛腹泻等病症有食疗作用。

薄荷

薄荷能发汗、解热，能缓解感冒的头疼、发热、咽喉肿痛等症状。平常以薄荷代茶，能清心明目。

迷迭香

迷迭香是经常使用的香料，清甜带松木香，香味浓郁，有较强的收敛作用，能调理油腻的肌肤，促进血液循环，刺激毛发再生，改善脱发。

百里香

百里香是具有强效杀菌效果及抗病毒作用的香草。对于预防传染病、消除疲劳以及改善心情低落等也有效果。

Chapter 2

按食材来制作——元气排毒水

因为制作排毒水的食材以水果为主，
所以本章的排毒水将按不同种类的水果分成五个小节，
以柑橘类、浆果类、核果类、仁果类以及瓜类为主材料，
再辅以其他的蔬果和香料、香草，
制作成清爽高颜值的元气排毒水。

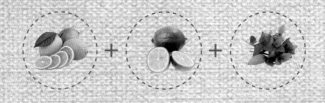

柑橘类

柠檬、橙子、西柚等属于柑橘类水果,

其气味芳香,闻起来有一种心旷神怡的感觉。

用柑橘类水果制作排毒水,开胃又清心。

香蕉柠檬水

香蕉 + 柠檬 + 迷迭香

材料

香蕉..............1 根

柠檬..............1 片

迷迭香..........1 枝

制作方法

1 香蕉去皮,竖直切开成两片。

2 将香蕉、柠檬和迷迭香依次放入瓶子中,加入适量的凉开水。

3 盖上瓶盖,放入冰箱冷藏 6 小时左右即可饮用。

 Tips

待香蕉柠檬水喝完之后,可以再加入适量的凉开水,冷藏 12 小时就能再次饮用,
风味不减;喜欢酸一点人,可以再放一片柠檬下去。

青橘子草莓肉桂水

 美容
养颜 润肺
生津

青橘子 + 草莓 + 肉桂

材料

青橘子............1 个
草莓................3 个
肉桂...............1 根

制作方法

1 青橘子去皮，掰开，每瓣斜对半
切开；草莓切成片。

2 将青橘子、草莓和肉桂放入瓶子
中，加入适量凉开水。

3 盖上瓶盖，放入冰箱冷藏 6 小时
左右即可饮用。

西柚香橙青柠水

 祛痘护肤 清肠通便

西柚 + 青柠 + 橙子 + 薄荷叶

材料

西柚................2 片
青柠................2 片
橙子................2 片
薄荷叶............2 片

制作方法

1 橙子去皮，切成块。

2 将西柚、青柠、橙子、薄荷叶依次放入瓶子中，加入适量凉开水。

3 盖上瓶盖，放入冰箱冷藏 6 小时左右即可饮用。

柠檬蓝莓水

柠檬 + 蓝莓 + 迷迭香

材料

柠檬..............2 片
蓝莓..............10 颗
迷迭香..........2 枝

制作方法

1   蓝莓对半切开。

2   将柠檬、蓝莓和迷迭香放入瓶子中，
    加入适量凉开水。

3   盖上瓶盖，放入冰箱冷藏 6 小时左
    右即可饮用。

青柠石榴水

化痰止咳　强身健体

青柠 + 石榴

材料

青柠...............3 片
石榴...............1/4 个

制作方法

1 石榴掰开，去皮，取出果粒。

2 将青柠和石榴放入瓶子中，加入适量凉开水。

3 盖上瓶盖，放入冰箱冷藏 6 小时左右即可饮用。

浆果类

浆果类水果，具有柔软多汁的特点。如葡萄、草莓、树莓、
蓝莓等，这类水果做成排毒水不仅好喝，而且泡久了
还有染色的效果，非常漂亮。

红提青提水

红提 + 青提

材料

红提...............8 粒
青提...............12 粒

制作方法

1 红提对半切开；青提对半切开。

2 将红提和青提放入瓶子中，加入适量凉开水。

3 盖上瓶盖，放入冰箱冷藏 6 小时左右即可饮用。

Tips

红提、青提等带果皮类的水果，切记要用盐搓去外衣上的果蜡，然后清洗干净再吃，
以免损害健康。

百香果葡萄水

健脾和胃 有助消化

百香果 + 葡萄

材料

葡萄...............6 颗
百香果...........1/2 个

制作方法

1 葡萄去皮；百香果对半切开，倒出果粒。

2 将葡萄和百香果放入瓶子中，加入适量凉开水。

3 盖上瓶盖，放入冰箱冷藏 6 小时左右即可饮用。

草莓柠檬薄荷水

 帮助消化 增强体质

草莓 + 柠檬 + 薄荷

材料

草莓..............3 个
柠檬..............2 片
薄荷..............1 枝

制作方法

1 草莓对半切开。

2 将草莓、柠檬和薄荷放入瓶子中，加入适量凉开水。

3 盖上瓶盖，放入冰箱冷藏 6 小时左右即可饮用。

蓝莓青柠薄荷水

蓝莓 + 青柠 + 薄荷

材料

蓝莓...............10 颗
青柠...............2 个
薄荷...............2 枝

制作方法

1 蓝莓对半切开；青柠切成薄片。

2 将蓝莓、青柠和薄荷放入瓶子中，
加入适量凉开水。

3 盖上瓶盖，放入冰箱冷藏 6 小时左
右即可饮用。

双莓黑提百里香水

草莓 + 蓝莓 + 黑提 + 百里香

材料

草莓...............6 个

蓝莓...............8 个

黑提...............5 个

百里香...........3 枝

制作方法

1 草莓切成 4 等份；蓝莓对半切开；
黑提对半切开。

2 将草莓、蓝莓、黑提和百里香放入
瓶子中，加入适量凉开水。

3 盖上瓶盖，放入冰箱冷藏 6 小时左
右即可饮用。

核果类

核果类是指果实中心有一木质硬壳，之中包有种子。

核果类果实成熟后果肉变软，柔嫩多汁，

包括桃子、梅子、樱桃、龙眼、荔枝等。

用核果制作而成的排毒水，别有一番风味。

桃子猕猴桃罗勒水

桃子 + 猕猴桃 + 罗勒

材料

猕猴桃...........1 个
桃子...............1 个
罗勒..............1 枝

制作方法

1 猕猴桃去皮，切成块；桃子去皮，切成片。

2 将猕猴桃、桃子和罗勒放入瓶子中，加入适量凉开水。

3 盖上瓶盖，放入冰箱冷藏 6 小时左右即可饮用。

浸泡的时间取决于自己想要的浓度，但建议至少要 6 小时，各位上班族可以提前一晚准备好，然后冷藏过夜，第二天带到公司慢慢喝。

樱桃肉桂水

祛皱消斑　养颜驻容

樱桃 + 肉桂

材料

樱桃...............60 克
肉桂...............1 根

制作方法

1 樱桃对半切开。

2 将樱桃和肉桂放入瓶子中，加入适量凉开水。

3 盖上瓶盖，放入冰箱冷藏 6 小时左右即可饮用。

樱桃芒果柠檬水

 祛风胜湿   收涩止痛

樱桃 + 芒果 + 柠檬

材料

樱桃...............4 颗
芒果...............1/2 个
柠檬...............1 片

制作方法

1 芒果去皮，切成丁。

2 将樱桃、芒果和柠檬放入瓶子中，加入适量凉开水。

3 盖上瓶盖，放入冰箱冷藏 6 小时左右即可饮用。

龙眼石榴水

补气养血　益寿延年

龙眼 + 石榴 + 百里香

材料

龙眼................ 6 颗
石榴................ 1/4 个
百里香............ 2 枝

制作方法

1　龙眼去皮，剥出果肉；石榴去皮，
　　剥出果粒。

2　将龙眼、石榴和百里香放入瓶子中，
　　插入百里香，再加入适量凉开水。

3　盖上瓶盖，放入冰箱冷藏 6 小时左
　　右即可饮用。

杨桃苹果水

和中消食　清热利咽

杨桃 + 苹果 + 黑胡椒粒

材料

杨桃...............1 个
苹果...............1/2 个
黑胡椒粒.......5 克

制作方法

1　杨桃切片；苹果保留苹果皮，去核切成块。

2　将杨桃、苹果和黑胡椒粒放入瓶子中，加入适量凉开水。

3　盖上瓶盖，放入冰箱冷藏 6 小时左右即可饮用。

仁果类

仁果的果实中心有薄壁构成的若干种子室，
室内含有种仁。可食部分为果皮、果肉。
仁果类包括苹果、梨、山楂、枇杷等。

雪梨火龙果水

润肺凉心　美白皮肤

雪梨 + 火龙果 + 薄荷叶

材料

雪梨...............1/2 个
火龙果...........1/4 个
薄荷叶...........2 片

制作方法

1　雪梨去皮，去核，切成块；火龙果切去果皮的外层，保留内层，再切片。

2　将雪梨、火龙果和薄荷叶放入瓶子中，加入适量凉开水。

3　盖上瓶盖，放入冰箱冷藏 6 小时左右即可饮用。

Tips

像火龙果这类体积较大的水果可以切成块或切成薄片，这样更容易泡出水果的香甜味道。

香梨番石榴水

香梨 + 番石榴

材料

香梨...............1 个
番石榴...........1/2 个

制作方法

1 香梨切成块；番石榴切成块。

2 将香梨和番石榴放入瓶子中，加入适量凉开水。

3 盖上瓶盖，放入冰箱冷藏 6 小时左右即可饮用。

山楂蜂蜜水

活血化瘀　促进消化

山楂 + 蜂蜜

材料

山楂...............3 个
蜂蜜...............适量

制作方法

1 山楂对半切开。

2 将山楂和蜂蜜放入瓶子中，加入适量凉开水。

3 盖上瓶盖，放入冰箱冷藏 6 小时左右即可饮用。

苹果香蕉薄荷水

苹果 + 香蕉 + 薄荷

材料

苹果................ 1/4 个
香蕉................ 1 根
薄荷................ 1 枝

制作方法

1 苹果保留苹果皮，切去果核，再切
　　成片；香蕉去皮，切成片。

2 将苹果、香蕉和薄荷放入瓶子中，
　　加入适量凉开水。

3 盖上瓶盖，放入冰箱冷藏 6 小时左
　　右即可饮用。

芒果青柠水

美化肌肤　健胃消脾

芒果 + 青柠

材料

芒果...............1/2 个
青柠...............2 片

制作方法

1　芒果对半切开，把果肉划成正方形格子。

2　将芒果和青柠放入瓶子中，加入适量凉开水。

3　盖上瓶盖，放入冰箱冷藏 6 小时左右即可饮用。

瓜类

每到夏天，我们就会想到西瓜。

因为它又甜又多汁，非常解渴消暑。

另外，哈密瓜、木瓜、黄瓜等与西瓜一样，都属于瓜类。

用瓜类制成的排毒水，也一样的清凉消暑哦。

黄瓜薄荷水

黄瓜 + 薄荷叶

材料

黄瓜...............1/2 根
薄荷叶...........2 片

制作方法

1 黄瓜切成圆片。

2 将黄瓜和薄荷叶放入瓶子中，加入适量凉开水。

3 盖上瓶盖，放入冰箱冷藏 6 小时左右即可饮用。

薄荷叶也可以用薄荷露代替，所有排毒水都是要泡一段时间味道才会出来，刚做好就喝口味会很淡。

黄瓜雪梨马蹄水

健脑安神　清热化痰

黄瓜 + 雪梨 + 马蹄

材料

黄瓜............... 1/4 根

雪梨............... 1/2 个

马蹄............... 2 个

制作方法

1　黄瓜用刮皮刀削成薄片；雪梨去核切片；马蹄去皮，切成片。

2　将黄瓜、雪梨和马蹄放入瓶子中，加入适量凉开水。

3　盖上瓶盖，放入冰箱冷藏 6 小时左右即可饮用。

西瓜柠檬薄荷水

西瓜 + 柠檬 + 薄荷叶

材料

西瓜...............200 克
柠檬...............2 片
薄荷叶...........1 片

制作方法

1 西瓜去皮，取果肉切丁。

2 将西瓜、柠檬和薄荷叶放入瓶子中，加入适量凉开水。

3 盖上瓶盖，放入冰箱冷藏 6 小时左右即可饮用。

木瓜猕猴桃黄瓜水

木瓜 + 猕猴桃 + 黄瓜

材料

木瓜................ 1/4 个
猕猴桃............ 1 个
黄瓜................ 1/4 根

制作方法

1 木瓜去皮、去籽，将果肉切片；猕
猴桃削去果皮，再切成片；黄瓜用
削皮刀削成薄片。

2 将木瓜、猕猴桃和黄瓜放入瓶子中，
加入适量凉开水。

3 盖上瓶盖，放入冰箱冷藏 6 小时左
右即可饮用。

哈密瓜圣女果水

舒缓神经　凉血平肝

哈密瓜 + 圣女果

材料

哈密瓜........... 1/4 个
圣女果........... 3 个

制作方法

1 哈密瓜去皮和瓜瓤，切成丁；圣女果对半切开。

2 将哈密瓜和圣女果放入瓶子中，加入适量凉开水。

3 盖上瓶盖，放入冰箱冷藏 6 小时左右即可饮用。

Chapter 3

按功效来制作——健康排毒水

排毒水除了可以排毒，还有许多其他的功效。

如缓解疲劳、美容润肤、养心安神、消除水肿、提高免疫力等，

选对、喝对排毒水，给自己及家人的健康加分！

缓解疲劳

上了一天的班后疲倦不已，回到家喝一杯早上放进冰箱冷藏的排毒水，既解困又开胃，接着好好享受晚餐和珍贵的悠闲时光吧。

苹果胡萝卜西芹水

 利膈宽肠 利尿消肿

苹果 + 胡萝卜 + 西芹

材料

苹果................ 1/4 个
胡萝卜............ 1/2 根
西芹................ 1 根

制作方法

1　苹果保留苹果皮，去核切成块；胡萝卜去皮切成圆片；西芹斜切成小段。

2　将苹果、胡萝卜和西芹依次放入瓶子中，加入适量凉开水。

3　盖上瓶盖，放入冰箱冷藏 6 小时左右即可饮用。

柠檬百香果薄荷水

生津解暑　提神醒脑

柠檬 + 百香果 + 薄荷叶

材料

柠檬...............2 片
百香果............2 个
薄荷叶............2 片

制作方法

1 百香果对半切开。

2 将百香果的瓤挖出装入瓶子中，再放入柠檬片、薄荷叶，加入适量凉开水。

3 盖上瓶盖，放入冰箱冷藏 6 小时左右即可饮用。

柚子葡萄蜂蜜水

柚子 + 葡萄 + 蜂蜜

材料

柚子...............1 瓣
葡萄...............6 颗
蜂蜜...............适量

制作方法

1 柚子厚约 1 厘米，去皮再将果肉切
　　成小块；葡萄对半切开。

2 将柚子、葡萄和蜂蜜依次放入瓶子
　　中，加入适量凉开水。

3 盖上瓶盖，放入冰箱冷藏 6 小时左
　　右即可饮用。

橘子八角水

疏肝理气　促进消化

橘子 + 八角

材料

橘子...............1/2 个
八角...............2 个

制作方法

1 橘子切成块。

2 将橘子和八角依次放入瓶子中，加入适量凉开水。

3 盖上瓶盖，放入冰箱冷藏 6 小时左右即可饮用。

清肠瘦身

健康美丽与身体肠道环境的关系十分密切，常喝排毒水有助于重整健康肠道，还可瘦身美体，让你由内而外散发光芒！

草莓雪梨罗勒水

 改善便秘　利尿消肿

草莓 + 雪梨 + 罗勒

材料

草莓................3个
雪梨................1/2个
罗勒................1枝

制作方法

1 草莓对半切开；雪梨去核，切成小块。

2 将草莓、雪梨和罗勒依次放入瓶子中，加入适量凉开水。

3 盖上瓶盖，放入冰箱冷藏6小时左右即可饮用。

凉瓜胡萝卜水

清热益气　补肝明目

凉瓜 + 胡萝卜 + 欧芹

材料

凉瓜...............1/3 根
胡萝卜...........1/2 根
欧芹...............1 根

制作方法

1　凉瓜对半切开，去净瓜瓤，再切成片；胡萝卜去皮，切成片；欧芹斜切成小段。

2　将凉瓜、胡萝卜和欧芹依次放入瓶子中，加入适量凉开水。

3　盖上瓶盖，放入冰箱冷藏 6 小时左右即可饮用。

黄瓜藕节青柠水

黄瓜 + 莲藕 + 青柠

材料

黄瓜...............1/4 根
莲藕...............60 克
青柠...............2 片

制作方法

1 黄瓜用削皮刀削成薄片；莲藕去皮，
切成块。

2 将黄瓜、莲藕和青柠依次放入瓶子
中，加入适量凉开水。

3 盖上瓶盖，放入冰箱冷藏 6 小时左
右即可饮用。

西柚柠檬黄瓜姜水

减肥降脂　活血驱寒

西柚 + 柠檬 + 黄瓜 + 生姜

材料

西柚................ 1/4 个
柠檬................ 1 片
黄瓜................ 1/2 根
生姜................ 2 片

制作方法

1　西柚切成片；黄瓜斜切成片；生姜
保留姜皮，再对半切开。

2　将西柚、柠檬、黄瓜和生姜依次放
入瓶子中，加入适量凉开水。

3　盖上瓶盖，放入冰箱冷藏 6 小时左
右即可饮用。

美容嫩肤

在这个什么都拼颜值的社会里，谁不想自己的颜值高一点，再高一点呢？多吃一些富含维生素 C 的蔬果，既能美白又嫩肤。

柠檬薄荷蜂蜜水

柠檬 + 薄荷 + 蜂蜜

材料

柠檬................1/4 个
薄荷叶...........4 片
蜂蜜...............适量

制作方法

1 柠檬切成片。

2 将柠檬、薄荷叶和蜂蜜依次放入瓶子中，加入适量凉开水。

3 盖上瓶盖，放入冰箱冷藏 6 小时左右即可饮用。

猕猴桃柠檬水

延缓衰老　增强记忆

猕猴桃 + 柠檬 + 迷迭香

材料

猕猴桃............ 1 个
柠檬................ 1/4 个
迷迭香............ 1 枝

制作方法

1　猕猴桃削去果皮，再切成片；柠檬去皮，切片。

2　将猕猴桃、柠檬和迷迭香依次放入瓶子中，加入适量凉开水。

3　盖上瓶盖，放入冰箱冷藏 6 小时左右即可饮用。

圣女果葡萄水

圣女果 + 葡萄

材料

圣女果............2 个
葡萄...............6 颗

制作方法

1 圣女果对半切成 4 等份。

2 将圣女果和葡萄依次放入瓶子中,
加入适量凉开水。

3 盖上瓶盖,放入冰箱冷藏 6 小时左
右即可饮用。

桃子肉桂黑胡椒水

桃子 + 肉桂 + 黑胡椒粒

材料

桃子................1 个
肉桂................1 根
黑胡椒粒........3 克

制作方法

1 桃子去皮，切成条状。

2 将桃子、肉桂和黑胡椒粒依次放入
　　瓶子中，加入适量凉开水。

3 盖上瓶盖，放入冰箱冷藏 6 小时左
　　右即可饮用。

养心安神

学业与工作的压力，有时候会让人喘不过气。很多人会感到烦躁，甚至睡不好觉。这时候不妨给生活加点"料"，舒缓一下紧张的神经。

西柚柠檬薰衣草水

西柚 + 柠檬 + 薰衣草

材料

去皮西柚........1 片
柠檬..............1 个
薰衣草..........3 枝

制作方法

1 柠檬对半切开。

2 将西柚、柠檬和薰衣草依次放入瓶子中，加入适量凉开水。

3 盖上瓶盖，放入冰箱冷藏 6 小时左右即可饮用。

苹果菠萝水

补脑宁神　清理肠胃

苹果 + 菠萝

材料

苹果............... 1/2 个
菠萝............... 1/4 个

制作方法

1 苹果保留苹果皮，去核切成块；菠萝去皮，切成块。

2 将苹果和菠萝依次放入瓶子中，加入适量凉开水。

3 盖上瓶盖，放入冰箱冷藏 6 小时左右即可饮用。

龙眼玫瑰花水

龙眼 + 玫瑰花

材料

龙眼...............8 颗
玫瑰花...........8 朵

制作方法

1　龙眼去皮。

2　将龙眼和玫瑰花依次放入瓶子中，
　　加入适量凉开水。

3　盖上瓶盖，放入冰箱冷藏 6 小时左
　　右即可饮用。

红枣龙眼水

红枣 + 龙眼

材料

红枣...............3 枚
龙眼...............10 颗

制作方法

1 红枣切开去核；龙眼去皮，剥出果肉。

2 将红枣和龙眼依次放入瓶子中，加入适量凉开水。

3 盖上瓶盖，放入冰箱冷藏 6 小时左右即可饮用。

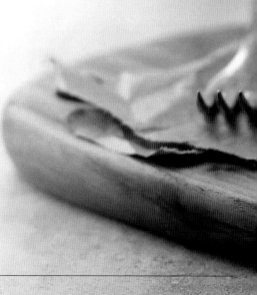

消除水肿

水肿，除了一些我们熟知的病理因素而引发的状况外，很多时候是由于不良生活习惯造成的排毒不畅。喝对排毒水，可以消除水肿哦！

西瓜哈密瓜薄荷水

降热解暑　清热止渴

西瓜 + 哈密瓜 + 薄荷

材料

西瓜............... 100 克
哈密瓜........... 1/4 个
薄荷............... 1 枝

制作方法

1　西瓜去皮取果肉切丁；哈密瓜去皮和瓜瓤，切成丁。

2　将西瓜、哈密瓜和薄荷依次放入瓶子中，加入适量凉开水。

3　盖上瓶盖，放入冰箱冷藏 6 小时左右即可饮用。

西瓜草莓菠萝水

 泻火除烦　 滋补调理

西瓜 + 草莓 + 菠萝

材料

西瓜...............80 克
草莓...............3 个
菠萝...............1/4 个

制作方法

1 西瓜去皮取果肉切三角块；草莓对半切开；菠萝去皮，切成片。

2 将西瓜、草莓和菠萝依次放入瓶子中，加入适量凉开水。

3 盖上瓶盖，放入冰箱冷藏 6 小时左右即可饮用。

冬瓜紫苏水

冬瓜 + 紫苏叶

材料

冬瓜............... 120 克
紫苏叶........... 1 片

制作方法

1 冬瓜去皮，切成块。

2 将冬瓜和紫苏叶依次放入瓶子中，
加入适量凉开水。

3 盖上瓶盖，放入冰箱冷藏 6 小时左
右即可饮用。

香蕉木瓜水

香蕉 + 木瓜

材料

香蕉...............1 根
木瓜...............1/4 个

制作方法

1 香蕉去皮，切成片；木瓜去皮、去籽，将果肉切片。

2 将香蕉和木瓜依次放入瓶子中，加入适量凉开水。

3 盖上瓶盖，放入冰箱冷藏 6 小时左右即可饮用。

提高免疫力

人的免疫力低了就会容易生病，因此在生活中别忘了提高自身免疫力。无论是锻炼或者饮食，都要兼顾。以下排毒水对提高人体免疫力有一定的帮助呢！

蓝莓红提水

 增强视力   化痰止咳

蓝莓 + 红提 + 小红辣椒

材料

蓝莓................8 颗
红提................10 颗
小红辣椒........1 个

制作方法

1 红提对半切开；小红辣椒切圈。

2 将蓝莓、红提和小红辣椒依次放入瓶子中，加入适量凉开水。

3 盖上瓶盖，放入冰箱冷藏 6 小时左右即可饮用。

柠檬肉桂蜂蜜水

活血
通经　清热
化痰

柠檬 + 肉桂 + 苹果醋 + 蜂蜜

材料

柠檬...............1 个
肉桂...............1 根
苹果醋...........30 毫升
蜂蜜...............适量

制作方法

1　柠檬切片。

2　将柠檬、肉桂、苹果醋和蜂蜜依
　　次放入瓶子中，加入适量凉开水。

3　盖上瓶盖，放入冰箱冷藏 6 小时
　　左右即可饮用。

柳橙哈密瓜水

柳橙 + 哈密瓜 + 黑胡椒粒

材料

柳橙..............1/2 个
哈密瓜............1/4 个
黑胡椒...........3 克

制作方法

1 柳橙去皮，切成半圆形片；哈密瓜
   去皮，切成扇形。

2 将柳橙、哈密瓜和黑胡椒依次放入
   瓶子中，加入适量凉开水。

3 盖上瓶盖，放入冰箱冷藏 6 小时左
   右即可饮用。

猕猴桃苹果水

猕猴桃 + 苹果

材料

猕猴桃............ 1/2 个
苹果................ 1/2 个

制作方法

1　猕猴桃去皮，切成半圆形片；苹果
　　保留苹果皮，去核切成块。

2　将猕猴桃和苹果依次放入瓶子中，
　　加入适量凉开水。

3　盖上瓶盖，放入冰箱冷藏 6 小时左
　　右即可饮用。

Chapter 4

排毒水蔬果变身人气美食

蔬菜水果中的一些成分无法溶解于水中，
如粗纤维和胡萝卜素等脂溶性维生素，
为了更完整地利用食材，可以喝完排毒水，
再将剩下的蔬果做成沙拉、奶昔、
蔬果意面或果汁等简单又美味的食物。

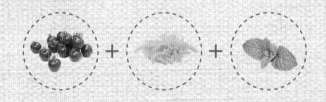

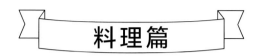

料理篇

排毒水中的蔬果千万不要扔掉,

可以制作成各种各样的料理呢!

蔬果意面、沙拉、蛋饼……让你惊喜不断!

蔬果意面

哈密瓜 + 圣女果 + 意大利面

材料

哈密瓜圣女果水中的蔬果
（详见 P062）

意大利面........150 克

番茄酱...........2 勺

盐.................2 克

橄榄油...........10 毫升

制作方法

1 锅中注入较多量的水，放入
1 克盐，大火烧开，将意大
利面煮熟。

2 意面捞出放入凉开水中过凉，
沥干水分后拌入一半橄榄油。

3 平底锅中放剩余橄榄油烧热，
放入水果块翻炒 1 分钟。

4 加煮好的意面翻炒，放番茄
酱、1 克盐炒匀调味即可。

煮意大利面时要注意水量不可过少，并且保持大火将面煮至熟，这样才能保持面
的口感。另外，时不时要搅拌一下，防止粘锅。

双瓜猕猴桃沙拉

木瓜 + 猕猴桃 + 黄瓜 + 沙拉酱

材料

木瓜猕猴桃黄瓜水中的蔬果
（详见 P060）
沙拉酱...........1 勺

制作方法

1 喝光排毒水，将木瓜、猕猴桃、黄瓜装入沙拉碗。

2 按口味加入沙拉酱或其他调味酱。

3 装入盘中拌均，即可食用。

沙拉酱的量可以根据个人的口味适当增加或减少，也可以换成千岛酱，也是非常美味的哦！

猕猴桃苹果蛋饼

猕猴桃 + 苹果 + 低筋面粉 + 鸡蛋

材料

猕猴桃苹果水中的水果
（详见 P100）

低筋面粉........60 克
鸡蛋................2 个
白糖...............少许
盐..................少许
食用油...........少许

制作方法

1 低筋面粉倒入碗中，加白糖、盐、鸡蛋混合，搅拌均匀。

2 平底锅涂油烧热，关火，将面糊均匀地淋在锅中。

3 用中小火煎约 2 分钟至饼皮两面都呈金黄色，放入盘中。

4 将水果切小丁，铺在蛋饼上，卷起即可。

草莓酸奶吐司

草莓 + 吐司 + 酸奶

材料

西瓜草莓菠萝水中的草莓
（详见 P091）
吐司.................2 片
酸奶.................1 盒

制作方法

1 喝光排毒水，将草莓装入碗中。

2 将酸奶均匀涂抹在吐司上。

3 把草莓切成薄片，整齐地摆在酸奶上即可。

鲜橙鸡丁

香橙 + 鸡腿肉

材料

西柚香橙青柠水中的香橙
（详见 P027）
鸡腿肉............ 100 克
盐................... 少许
食用油............ 少许

制作方法

1 把鸡腿去骨去皮后切丁，加
入盐，腌 15 分钟。

2 喝光排毒水，将剩下的香橙
放入碗中。

3 用油起锅，放入鸡丁，炒至熟，
加入盐，拌炒至熟，再放入
香橙，拌匀，盛出即可。

选取鸡腿肉是因为其肉质比较嫩滑，与香橙搭配做成鲜橙鸡丁，鸡肉嫩滑可口，
还带有淡淡的橙香，非常的美味。

圣女果拌鸡丝

圣女果 + 鸡胸肉 + 橄榄油

材料

圣女果葡萄水中的圣女果
（详见 P080）

鸡胸肉............120 克

盐.................少许

橄榄油............少许

姜片...............少许

制作方法

1 将鸡胸肉加姜片、盐煮熟，
用手撕成细丝。

2 喝光排毒水，将圣女果装入
沙拉碗。

3 往沙拉碗中加入鸡丝、盐，
淋上橄榄油，拌匀即可。

圣女果酸甜可口，是许多人喜爱的闲余"零食"。与鸡肉制作成拌菜，可以很好
地去除鸡肉的油腻，让人更加有食欲。

莲藕炒肉丁

莲藕 + 猪肉 + 橄榄油

材料

黄瓜藕节青柠水中的莲藕
（详见 P074）
猪肉...............150 克
盐...................少许
橄榄油...........少许

制作方法

1 猪肉切成丁，装碗，加入少许盐，
   腌渍 10 分钟。

2 喝光排毒水，将莲藕改切成丁，
   装入碗中。

3 用油起锅，放入肉丁，炒至香软，
   再加入藕节，拌炒至熟，加入少
   许盐，拌匀，盛出即可。

山楂鸡翅

 健脾开胃　 消食化滞

山楂 + 鸡翅 + 橄榄油

材料

山楂蜂蜜水中的山楂
（详见 P051）

鸡翅...............3 个
生抽...............少许
淀粉...............适量
盐...................少许
橄榄油...........少许

制作方法

1　在鸡翅上面划上几处，装碗，加入生抽、淀粉、盐，腌渍入味。

2　喝光排毒水，将山楂装入碗中。

3　用油起锅，放入鸡翅，煎至香软，再加入山楂，翻炒片刻，盛出装盘即可。

香蕉吐司卷

香蕉 + 吐司 + 鸡蛋 + 橄榄油

材料

香蕉木瓜水中的香蕉
（详见 P094）
吐司..............2 片
鸡蛋..............1 个
橄榄油..........少许

制作方法

1 喝光排毒水，将香蕉装入碗中；鸡蛋打成蛋液。

2 将吐司铺平，放上香蕉，卷成香蕉吐司卷生坯，蘸上鸡蛋液。

3 用油起锅，放入香蕉吐司卷生坯，煎至香酥，盛出即可。

香蕉味甘性寒，可清热润肠，促进肠胃蠕动。与吐司做成吐司卷，可作为早餐食用，既美味又健康。

凉瓜炒鸡蛋

凉瓜 + 鸡蛋 + 橄榄油

材料

凉瓜胡萝卜水中的凉瓜
（详见 P073）
鸡蛋...............2 个
盐...................少许
橄榄油...........少许

制作方法

1 将鸡蛋打入碗中。

2 喝光排毒水后，将凉瓜装入
碗中。

3 锅中倒入油，热开后倒入鸡
蛋，煎至金黄，加入凉瓜，
炒至熟软，再放入盐，拌至
入味，盛出即可。

中医认为，凉瓜味苦，性寒，能清热泻火。吃凉瓜能刺激人体唾液、胃液分泌，
令人食欲大增，清热防暑。

饮品篇

排毒水喝完了，还可以继续制作成饮品。糖水、沙冰、
果汁、奶昔……味道也是非常不错的哦！

养心糖水

红枣 + 龙眼 + 西米 + 白糖

材料

红枣龙眼水中的红枣和龙眼
（详见 P088）
西米..............50 克
白糖..............适量

制作方法

1 喝光排毒水，将红枣、龙眼
装入碗中。

2 锅置于火上，放入水、红枣、
西米，煮5分钟，再加入龙眼、
白糖，搅拌均匀。

3 煮至熟软，盛入碗中，稍微
冷却即可食用。

经期或者感冒初期者可以放姜丝一起煮。

清爽蔬果汁

 润肠通便　 减肥瘦身

苹果 + 胡萝卜 + 西芹

材料

苹果胡萝卜西芹水中的蔬果
（详见 P066）
苏打水………… 40 毫升

制作方法

1　喝光排毒水，将苹果、胡萝卜、西芹装入碗中。

2　备好榨汁机，将苹果、胡萝卜、西芹放入榨汁机内，榨成汁。

3　再加入苏打水，搅拌片刻，倒入杯中，即可饮用。

哈密瓜奶昔

哈密瓜 + 牛奶

材料

柳橙哈密瓜水中的哈密瓜
（详见 P098）
牛奶................1 盒

制作方法

1 喝光排毒水，将哈密瓜装入碗中。

2 备好榨汁机，将哈密瓜、牛奶放
入榨汁机内，榨成汁。

3 倒入杯中，即可饮用。

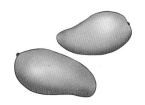

芒果沙冰

芒果 + 白糖 + 冰块

材料

樱桃芒果柠檬水中的芒果
（详见 P043）
白糖...............100 克
水...................160 毫升

制作方法

1　将白糖和 100 毫升水倒进锅
里，加热至白糖全部溶解，
即成糖水，倒入碗里，放至
冷却。

2　取料理机，倒入排毒水中剩
下的芒果，加 60 毫升水打
成芒果泥，与步骤 1 中的糖
水混合均匀后，放入冰箱中，
冻成冰块。

3　拿出芒果冰块，用料理机打
成碎冰即可。

白糖的量可根据个人口味加以调整，喜欢甜的可以多加一些，不喜欢甜的可以少加，
或者不加。

草莓雪梨酸奶

草莓 + 雪梨 + 酸奶 + 蜂蜜

材料

草莓雪梨罗勒水中的水果
（详见 P072）
酸奶............... 1 盒
蜂蜜............... 适量

制作方法

1　喝光排毒水，将草莓、雪梨装入碗中。

2　将酸奶与水果混合拌匀。

3　加少许蜂蜜，即可食用。

彩色缤纷冰块

排毒水不仅可以喝，还可以吃！
将做好的排毒水放入模型中冻成一格格的冰块，
色彩绚丽，看着就赏心悦目，吃起来更是透心凉。

★冰块融化后散发出食材的淡淡香气

因为在制作排毒水时，食材已在水中
浸泡了一段时间，冻成冰块后再融化，
会散发出食材的淡淡香气。

★莓果类水果有染色效果

如果想要冻出来的冰块色彩更加绚
丽，可以选择莓果类水果，有染色的
效果。

★喝酒、喝饮料时可以添加

各种不同颜色的冰块，颇具时尚感。
与三五好友喝酒谈天时，夹一块放进
酒杯中，既有趣又增添了冰凉的口感。

制作方法

1 往冰格模型中倒入1/2高的排毒水，
放入冰箱冰冻。

2 待表面稍微凝固后，再放入排毒水
里面的蔬果，再添满排毒水，再次
放入冰箱冷冻至凝固。